U0314205

撰　稿

张　迪　沈蓓蕾　孙　杰
唐旭东　曹　阳　赵　新
魏诗棋　郑士明　高　雪
柴冰冰　陈禹行　滕　雪
张　静　刘晓漫　王靖雯
康　健

插图绘制

雨孩子　肖猷洪　郑作鹏
王茜茜　郭　黎　任　嘉
陈　威　程　石　刘　瑶

装帧设计

陆思茁　陈　娇
高晓雨　张　楠

了不起的中国

古代科技卷

农耕水利

派糖童书 编绘

化学工业出版社

·北京·

图书在版编目（CIP）数据

农耕水利 / 派糖童书编绘. —北京：化学工业出版社，2023.10
（了不起的中国. 古代科技卷）
ISBN 978-7-122-43955-0

Ⅰ. ①农… Ⅱ.①派… Ⅲ.①农田水利-中国-儿童读物 Ⅳ.①S279.2-49

中国国家版本馆CIP数据核字（2023）第146714号

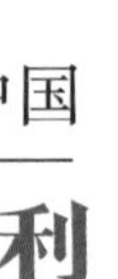

了不起的中国
—— 古代科技卷 ——
农耕水利

责任编辑：刘晓婷　　　　责任校对：王　静

出版发行：化学工业出版社（北京市东城区青年湖南街13号　邮政编码 100011）
印　　装：北京尚唐印刷包装有限公司
787mm × 1092mm　1/16　印张5　2024年1月北京第1版第1次印刷

购书咨询：010-64518888　　售后服务：010-64518899
网　　址：http://www.cip.com.cn
凡购买本书，如有缺损质量问题，本社销售中心负责调换。

定　　价：35.00元　

前 言

几千年前，世界诞生了四大文明古国，它们分别是古埃及、古印度、古巴比伦和中国。如今，其他三大文明都在历史长河中消亡，只有中华文明延续了下来。

究竟是怎样的国家，文化基因能延续五千年而没有中断？这五千年的悠久历史又给我们留下了什么？中华文化又是凭借什么走向世界的？“了不起的中国”系列图书会给你答案。

“了不起的中国”系列集结二十本分册，分为两辑出版：第一辑为“传统文化卷”，包括神话传说、姓名由来、中国汉字、礼仪之邦、诸子百家、灿烂文学、妙趣成语、二十四节气、传统节日、书画艺术、传统服饰、中华美食，共计十二本；第二辑为“古代科技卷”，包括丝绸之路、四大发明、中医中药、农耕水利、天文地理、古典建筑、算术几何、美器美物，共计八本。

这二十本分册体系完整——

从遥远的上古神话开始，讲述天地初创的神奇、英雄不屈的精神，在小读者心中建立起文明最初的底稿；当名姓标记血统、文字记录历史、礼仪规范行为之后，底稿上清晰的线条逐渐显露，那是一幅肌理细腻、规模宏大的巨作；诸子百家百花盛放，文学敷以亮色，成语点缀趣味，二十四节气联结自然的深邃，传统节日成为中国人年复一年的习惯，中华文明的巨幅画卷呈现梦幻般的色彩；

书画艺术的一笔一画调养身心，传统服饰的一丝一缕修正气质，中华美食的一饮一馔（zhuàn）滋养肉体……

在人文智慧绘就的画卷上，科学智慧绽放奇花。要知道，我国的科学技术水平在漫长的历史时期里一直走在世界前列，这是每个中国孩子可堪引以为傲的事实。陆上丝绸之路和海上丝绸之路，如源源不断的活水为亚、欧、非三大洲注入了活力，那是推动整个人类进步的路途；四大发明带来的文化普及、技术进步和地域开发的影响广泛性直至全球；中医中药、农耕水利的成就是现代人仍能承享的福祉；天文地理、算术几何领域的研究成果发展到如今已成为学术共识；古典建筑和器物之美是凝固的匠心和传世精华……

中华文明上下五千年，这套“了不起的中国”如此这般把五千年文明的来龙去脉轻声细语讲述清楚，让孩子明白：自豪有根，才不会自大；骄傲有源，才不会傲慢。当孩子向其他国家的人们介绍自己祖国的文化时——孩子们的时代更当是万国融会交流的时代——可见那样自信，那样踏实，那样句句确凿，让中国之美可以如诗般传诵到世界各地。

现在让我们翻开书，一起跨越时光，体会中国的“了不起”。

目　录

导　言

中国农业起源时间至少可以追溯到七八千年以前。农耕文明哺育、塑造了中华文明，传说中的中华上古帝王大多有组织农业生产、推广农业技术的经历。周代始祖名字叫作“弃”，据《史记·周本纪》记载，因为弃耕田非常厉害，帝尧把他推举为“农师”，帝舜封他为“后稷（jì）”，这是我国历史上有记载的第一位农官。自那以后，掌管农业的官职便叫作“稷”，到了夏朝，便由弃的后人世袭担任这一官职。

我们国家虽然地大物博，但并不是所有的土地都适合耕种，用占世界百分之七的耕地养活全世界百分之二十的人口，这是我国最伟大的成就之一。因为耕地少，古人们不得不选择精耕细作，努力用有限的土地生产出更多的粮食。特有的农情，促使中华民族慢慢形成了勤劳俭朴、自强不息的性格特点。

通过了解古代农业，你会发现现在的生活里到处都有农业的印记，比如我们将努力工作称为“耕耘”，气象周期参照的是曾经指导农业生产的二十四节气，祝愿国家繁荣说“风调雨顺”，祝福每家每户生活幸福说“六畜兴旺”。只有了解了古代农业，才能明白中国人对幸福生活的期盼，才能深切地感受到千百年前，我们的祖先是怎样在这片土地上繁衍生息的。

天和地养育了人们

上古时期，人们的食物主要来源于打猎和果实采集，但无论怎么忙碌都经常填不饱肚子。据陆贾（gǔ）《新语》记载，神农氏认为光靠打猎和采集是不行的，于是到处找能吃的东西，尝遍百草，在知道了哪些能吃、哪些不能吃之后，开始教化人们种植五谷。

能吃上大米的原始人

甲骨文的“农”字，好像一个人手持工具在砍伐草木。因为那时山野间杂草丛生，林木遍布，所以耕种的第一步只能先砍树、除草，然后再开荒。

考古发现我国最早的农业生产出现在大约一万年前，是旧石器时代向新石器时代的过渡期，当时的农作物主要有两种：稻，即大米，产自南方；粟，即小米，产自北方。

土豆、玉米古人吃过吗？

世界很大，每个地区出产的物种都不同。中国古代农作物品种很单调，就那么几种，从夏商周直到元代末期基本稳定，只以五谷为主。直到明代，玉米、甘薯（红薯）、马铃薯（土豆）等大量美洲作物才传入中国，极大丰富了我国粮食种类。

查干湖冬捕

其他形式的农业

除了种植庄稼，广义的农业还有多种形式。

有游牧业。世代居住在我国北方的蒙古族，浓缩了历代少数民族的游牧文化，成为集大成者，主要靠放牧为生，辅以狩猎采集，需要逐水草迁移。

有渔业。查干湖冬捕（或称渔猎），在我国北方最有代表性。《辽史·营卫志》中记载：辽帝喜欢吃“冰鱼”，每年冬季都派人在查干湖捕鱼。他们先把脚下冻得坚实的冰刮薄，等到能看见有大鱼在冰下游动时，再凿冰捕捞。

蒙古族牧羊

有果树种植业。南宋韩彦直写下了中国历史上第一部关于种植柑橘的专著《橘录》，分为上、中、下三卷，记述了柑橘的分类、品种名称、性状及栽培技术，至今仍在应用。

还有多产业结合的形式。明清时期，太湖和珠三角一带发展起“桑基鱼塘”。这种生产方式非常科学：人们开塘养鱼，开塘挖出的泥土筑成塘基，在上面种桑树，塘泥因为有了鱼排泄的便便，所以非常肥沃，可以滋养桑树，桑叶喂蚕，蚕的便便喂鱼，如此循环利用，是当代立体农业的雏形。

原始农业

中国是世界上三大农业起源中心地之一，另外两个分别是西亚的两河流域和中美洲。

炎帝与黄帝并称中华始祖，传说中的炎帝便是中国农耕文明的始祖神农氏。

《周易·系辞下》中说："包牺氏没，神农氏作，斫（zhuó，用斧砍）木为耜（sì），揉木为耒（lěi），耒耜之利，以教天下，盖取诸《益》。"意思是说，伏羲死后，神农氏兴起，他砍断木头做成耜，烤弯木头做成耒，把耒、耜的好处教给天下人民，是取象于益卦。这便是神话传说中的中国农业起源。

刀耕火种

根据考古学家推断，人们在很长的历史时期内都使用一种原始的耕作方式，叫作“刀耕火种”，也叫“迁移农业”。

古人们先选择一块山林作为耕种用地，再把这片区域内所有的树砍倒烧掉，那些灰烬就成为肥料，不用翻土，直接把种子撒进冷却了的灰烬里。

这种耕作方式会导致同一块田只种一年便地力耗尽，只能废弃，因此，人们每年都要去找一片新林地，重复上面的步骤。

这种耕种方式产量极低，俗称“种一偏坡，收一箩箩”。通常种了好大一片地，忙活一年最终却吃不饱肚子。

粗放的原始农业

与我国南、北方稻作和粟作相适应，耜和耒是我国南北方最古老的农具。

原始农业最早是想到哪儿种到哪儿，田地里作物的“造型”非常自然，产量不高。后来，人们发明了“行种植”，就像现在我们看到的那样按行按垄种植，产量才有所提高，人们照料田地也更加方便。

南方主要用耜翻土，就是在木柄下装个耜冠，也叫“手犁”，耜冠可以是木头做的，也可以是骨头做的，形状像现在的锹。

北方主要用耒，采用点种法。后来绑上一根短横木，用作脚踏。用耒点出一个个小坑，

种子就播撒在小坑里面，再覆土。

那时候种田很简单，就是播种和收获，最多再加一个守望，没有其他程序。

先秦农业

水是农田的血液，先民挖出一条条水渠，将远处大河里的水引入农田，那些水渠，就像是农田的血管。除了水渠，农田间还有田间小路交错相通，称为“阡陌（qiānmò）”。

水渠和阡陌把一大块 900 亩左右的农田分成 9 块面积约 100 亩的小块农田，样子看起来就像一个九宫格。土地主人把周围 8 块田分给耕户耕种，叫“私田”，私田的收成全部归耕户所有。中间一块是公田，由 8 户共耕，收入全归土地主人所有。

这就是形成于我国商周时期最早的土地制度——井田制。

从盲目到规划

最初，古人种田没有什么规划，在一块地里随便种，所以一块地里长出的农作物各种各样。

后来人们发现这样种农作物产量很低，质量也不高。后来经过反复试验，人们精挑细选了一些产量高、质量高的作物，将其相对集中地种植在一块地上，土地利用率得到大幅提高，于是这种耕种办法一直延续到今天。

最初的土地制度改革

春秋时期，耕户总是逃避对公田的劳作，使很多公田荒废。而且由于牛耕和铁制农具的应用和普及，农业生产力水平提高，大量荒地被开垦后都藏在私人手中，同时，贵族之间通过转让、掠夺和赏赐等途径转化的私有土地也急剧增加。

为解决这些问题，齐国管仲取消了耕种公田的劳役地租制，转而按土地等级差别向农民征收实物地租。

公元前594年，鲁国实行“初税亩”，规定不论公田、私田，一律按田亩收税。此后，楚国、郑国和晋国等也陆续实行了税亩制。

新的土地制度下，农民通过劳动改善经济状况的可能性大增，生产热忱也空前提高，社会生产力的发展被注入强大的推动力量。

农民经济独立性加强

《吕氏春秋》中记载了一个故事：孔子骑马赶路，马吃了别人的庄稼，耕者奋起保护自己的庄稼，抓住孔子的马不放。这个故事说明当时耕地已呈现私有化趋势，土地成为耕者获得财富的主要来源，所以他们才会尽一切力量守护。

春秋战国时期，社会生产力的巨大发展是从铁器的使用开始的，铁制农具的产生使深耕成为可能，也提高了人们精耕细作的意识。与铁制农具普及并行的是牛耕的初步推广。这一时期出现的农家学派，促进了中国古代农业科学技术的迅速发展。

《汉书》介绍先秦农业时，把“农家”与儒家、墨家、道家、法家等一起，同列为诸子百家之一。

播种技术进步

春秋战国时期，人们开始重视播种前的选种。《诗经·大雅·生民》讲的“种之黄茂”“实方实苞”就是选种，意思是说要选择色泽光润美好和大而饱满的籽粒为种子。

播种方法提倡条播，就是不能想到哪儿种到哪儿，而是沿一条线翻出土沟，均匀播撒种子，秧苗也是成条成行地生长，行与行之间保持一定距离，隆起和下凹交替，农人可以穿梭其中劳作，更加方便灌溉。同时，农家学者还提出合理密植，在株行距上要求纵横成行，保证通风透光，这样的种植方式对间苗、除草操作也很方便。

井灌在战国时相当普遍，已经从原始时期人们抱个瓮罐浇水，发展到使用简单的汲水机械——桔槔（jiégāo）进行灌溉。

施肥技术出现

“荼蓼（túliǎo）朽止，黍稷茂止。”是《诗经》中提到的一句话。那时的人们观察到，田间的杂草腐烂后能使作物生长茂盛。《荀子·富国》里说：“多粪肥田，是农夫众庶之事也。”《韩非子·解老》里也说：“积力于田畴（chóu），必且粪灌。”这些记载说明当时农田已普遍使用肥料，而且将培土肥田联系在一起。《周礼·地官·草人》中记载了“土化之法”，就是用粪肥改良土壤的方法。

田间管理技术升级

到了商、周时期，田间管理已发展成农业生产中的一个重要部分。《诗经》里有两首诗都提到西周时已用金属制的镈（bó）来除去田间杂草。杂草会争夺土壤中的营养，及时除草对作物生长能起到促进作用。春秋战国时期进一步提出“易耨（nòu）”“熟耘”，即除草要彻底，“五耕五耨，必审以尽”。

除了锄草，农人还要间（jiàn）苗。间苗就是把那些间距不合适、长势不良的苗株去除。别看苗株的数量少了，但却能大大提高存活率和产量。古人说：

古人说：“凡禾之患，不俱生而俱死。是以先生者美米，后生者为秕（bǐ，指不饱满的种粒）。”因为禾苗不会全部存活，也不会同时出苗，所以要去掉密的、小的，才能有利于收获。

战国时，人们还用深耕的办法来消除或减轻草害和虫害，《吕氏春秋·任地》中记载：“其深殖之度，阴土必得。大草不生，又无螟蜮（míngyù）。”这里提出了深耕的标准，要露出湿润的土壤，使杂草和害虫无法生长。

嫁接和扦插

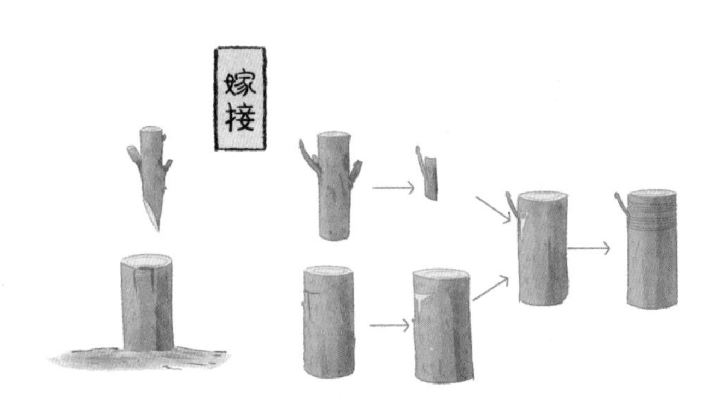

植物的繁殖有时可以不用种子。古时有个“椄（jiē）”字，意思是“嫁接”，也就是嫁接花木。除了嫁接之外，扦（qiān）插也是一种不用种子培育植物的方法。人们将植物的一部分茎、叶、根、芽等剪下来，插入土中或浸泡在水中，这一部分植株自己就会慢慢生根，然后就可以栽种了。

先秦时代的农副产业也有了很大发展。古人对各种农业生物的外部形态、生理特点都进行了相当深入的观察，并据此采用不同技术，以求取得最好的生产效果。

桑蚕业的起源和发展

桑蚕业是我国重要的农副产业，神话传说中首创种桑养蚕之法的是嫘（léi）祖。嫘祖是黄帝的妻子，她和炎黄二帝一起开创了灿烂的中华文明。唐代《嫘祖圣地》碑文也歌颂嫘祖“旨定农桑，法制衣裳；兴嫁娶，尚礼仪”。

春秋战国时期，古人对于桑蚕养殖有了更进一步的研究。荀子的《蚕赋》只有 168 个字，却对蚕的生理特征有了相当准确的概括，说蚕“夏生而恶暑，喜湿而恶雨，蛹以为母，蛾以为父”，准确反映了蚕对生长环境条件的要求。

探索作物与自然之间的规律

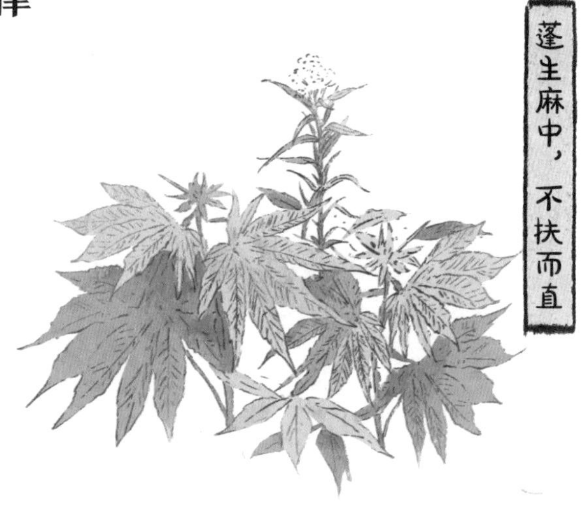

古人很早就观察到生物生长与阳光的关系。《诗经》里记载，周代早期人们就已经根据背阴面、朝阳面选择耕地了。

《荀子·劝学》里说：“蓬生麻中，不扶而直。”说的是蓬草本来很散乱，但在麻地中生长则会直立向上，这是因为麻长得又高又快，蓬草只有积极向上才能获得阳光。

古人还利用动物的趋光性，在夜晚点起火把来消灭危害粮食作物和果树的害虫等。

深入了解生物习性

《庄子·山木》中记载，有一天庄周想要捕一只异鹊，却发现这只鸟儿正准备捕食一只螳螂，而螳螂伸出臂来正要捕蝉，这就是著名的“螳螂捕蝉，异鹊在后”的故事，生动地说明了当时人们对生物食物链复杂关系的认知。

对自然资源的保护和利用

先秦时期，古人对于自然资源设有“时禁”，即只允许在一定时间内捕猎和砍伐林木。这种“时禁”是为了保护幼小和怀孕的兽类以及尚未孵化的禽卵，反对进行斩尽杀绝和涸泽而渔式的捕猎。

古书里说：“畋（tián，古时指种田或打猎）猎以时，童不夭胎，马不驰骛（wù，奔跑），土不失宜。”还有“钓而不纲，弋（yì，用带有绳子的箭射鸟）不射宿”，也有“草木荣华滋硕之时，则斧斤不入山林，不夭其生，不绝其长也；鼋鼍（yuántuó）、鱼鳖、鳅鳝孕别之时，罔罟（wǎnggǔ，捕捞的网）、毒药不入泽，不夭其生，不绝其长也”。说的都是保护和合理利用自然资源，不捕杀小动物，不砍伐正在开花的草木，保证野生动植物种群能够正常地生长繁衍。

秦、汉、魏晋、南北朝农业

魏晋、南北朝是我国农业发展的第二阶段，同时也是北方农业精耕细作技术体系形成和逐渐成熟的时期。

大范围使用牛耕

商代已出现牛耕，但直到战国时期都不普遍。现在出土的战国铁犁数量极少，而且粗糙、功能有限。真正具备完全功能的铁犁在西汉中期才出现，之后出土的铁制农具中，铁犁铧的数量明显增多。

人们当时使用的是被称作“二牛抬杠”的耦（ǒu）犁，需要用两头牛并排拉，一人扶犁，一人坐犁架，一人牵牛，需要三个人共同劳作。后来，人们优化了犁的构造，改成了活动式的犁箭（犁的纵向部件），驭牛技术也更为娴熟，便可以“二牛一人”，生产效率更高，此后铁犁农耕开始在黄河流域普及，并且逐步向全国推广。

农业器械初现

两汉、魏晋、南北朝时期，还出现了和铁犁配套使用的耢（lào）和耙（bà）。

耢最初只是一块长板条，后来改成用藤条或荆条编成的方形木架。使用时在上面压重物，用来碎土和平整土地。

牛拉耙则用来对付较大的土块，北方广泛使用的耙由两条带铁齿的木板呈“人”字形固定而成，耙过去之后，土块被弄碎，土地也被平整好了。

西汉出现了用来播种的“耧（lóu）车”，它的上方是装种子用的斗，下面是三条中空的、装有铁耧脚的木腿。操作时耧脚破土开沟，种子通过木腿落入土里。使用这种耧车，一人一牛便可以很快耕好一顷地，效率可提高十几倍，比西方与之类似的条播机的出现早约 1700 年。

收割后，用风车（又称风谷车）可以把作物秸秆、叶子等重量轻的杂物吹走，留下重量较大的籽粒。

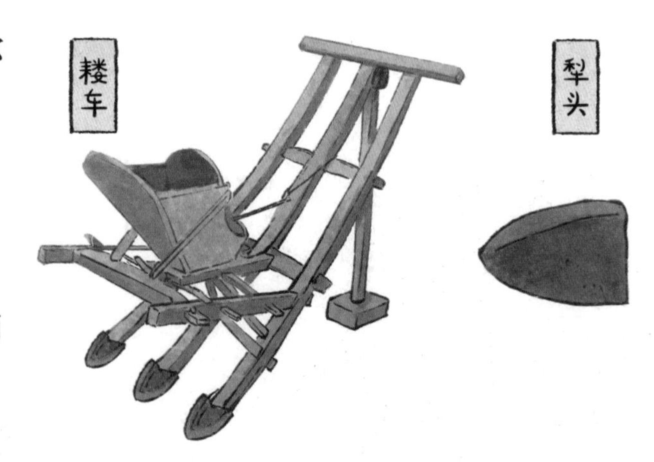

东汉时还出现以畜力和水力驱动的杵臼（chǔjiù），通过击打使作物籽实脱壳。

食谱的变化

秦汉时期是大一统时期，国家的安定统一使地域间的农业文化交流更加顺畅。

这时候，小米仍然是最主要的作物，水稻继续在北方一些地区推广，大豆和小麦更受欢迎，麻不再作为食物，而只是作为纺织原料存在。

据研究，大豆很可能是在我国不同地区先后培育出来的。商周时期，大豆曾作为少数民族向中原进贡的贡品存在；春秋时，齐桓公把大豆传播到中原；春秋末年到秦汉交际之时，以大豆作为主要原料的副食品先后出现，如豆豉（chǐ）、豆腐、豆芽和豆酱。

春秋以后，小麦种植面积一直呈增长趋势，汉代关中地区开始推广冬麦，南北朝时开始在江淮一带推广种植。

石磨的出现促进了小麦的推广。早期古人只会“粒食”，将麦粒直接上锅蒸熟，就像如今的米饭一样食用，这样吃口感不好。石磨发明以后，人们将小麦磨成粉，做成的各式面食，不仅味道更好，而且也更易消化，品种越来越丰富。

栀子田

染料植物种植

“青，取之于蓝，而青于蓝。”这里说的“蓝”是蓝草。蓝草是我国历史最悠久、使用最广的染料植物，包括蓼（liǎo）蓝、菘（sōng）蓝（根可入药，即板蓝根）、木蓝等。

栀（zhī）子是秦汉以前应用最广的黄色染料，马王堆汉墓出土的黄色染织品就是用栀子染的。秦、汉、魏晋、南北朝时期，河南、湖北地区有千亩白色栀子田。

此外，当时的染料植物还有茜（qiàn）草（根可制红色染料）、地黄（根可制黄色染料）、紫草（花和根可染紫色）、红花（花可染红色）等。

不受待见的植物油

西汉张骞出使西域，西域油料作物从此传到中原。当时的人们不习惯吃这些植物油，只用来作照明燃料，他们更喜欢吃动物油脂。

当时古人不吃植物油，一是不习惯植物油的气味；二是用植物榨油很费力。后来宋代的时候人口大幅上涨，人们才开始吃植物油，一直延续到今天。

繁盛的物种大交换

这一时期蔬果种类有了明显增加。《齐民要术》成书于公元6世纪，记载的蔬菜有35种，其中有不少是“进口”来的。中原与西域通商，沿丝绸之路带回大量的胡瓜（黄瓜）、芫荽（yánsuī，香菜）、大蒜、豇豆和豌豆等种子。当时中原人已经可以吃到来自南方的柑橘、荔枝和龙眼了。

先秦时代，古人除了种粮食以外，还会偶尔种些树，林业从此时萌芽。战国时林业已经比较独立了，古人会在种不了粮食的山地上种竹子或树，用来获取建筑材料、果实及柴薪。秦汉交际出现了专门从事林业经营的人，陕西北部那里还栽了很多榆树，称为“榆林塞”。

先秦时代，中原人对岭南植物了解不多，秦始皇统一全国后，派官员管理南越地区，让物种交换成为可能。到了汉代，林业已和五谷、六畜、桑麻并列，成为农业生产的重要项目。汉武帝时，长安上林苑里栽种了很多岭南植物，司马相如把这些都写进了《上林赋》里。

西汉王褒的《僮约》和东汉崔寔（shí）的《四民月令》也对汉代林业有所记载，当时人们除种植果树外，还种桑、柘、竹、漆、桐、梓、松、柏等许多树木。除了做家具物什、盖房子，这些林木还有很多用处。比如桑树、柘树的叶子可用来养蚕；漆树可以割取生漆，这是古代非常重要的涂料；梓木和桐木常用来做器物。由于古代家宅旁边常种植桑树和梓树，“桑梓”一词就被用来指代故乡。

既是战场又是市场的农牧分割线

长城不仅是中国古代的军事防御工程，也是我们国家农耕区和游牧区的分割线。这个分割线的走向与东亚大陆“十五英寸等雨线”（381 毫米等降水线）的一部分恰好吻合，是一条清晰的自然分界线。它的东南边平均每年至少有 381 毫米的降水，作物茂盛，人口众多，是农耕区；西北边雨量少，气候寒冷，不适合发展农耕，只能以放牧为生，是游牧区。

游牧区自然环境艰苦，人们靠游牧无法保证总能吃饱肚子，所以，每次遇到生存困境就会向传统农耕区进攻。游牧民族与农耕民族的战争贯穿了我国整个古代。虽然时不时爆发战争，但农耕和游牧却是相互依存的关系。游牧民族需要农耕区生产出来的粮食和茶叶，农耕区人们需要游牧区的大型牲畜满足生产需求。因此，在没有战争的年代，长城附近商贸十分兴盛。

鲜卑拓跋部原本是北方游牧部族，进入中原后建立了北魏（386—534 年），北魏孝文帝按中原农耕文化进行一系列改革，实行有名的均田制，和农耕文明互相借鉴学习。而且北魏统治者和中原汉族一样，也在 381 毫米等降水线附近筑起长城，抵御原来同属游牧民族的其他部族。

中原地区的畜牧业

从战国开始，直到魏晋、南北朝，中原畜牧业主要有三种：一是官营畜牧，主要供应军马，也养些牛、骆驼作为运输工具；二是牧主经营畜牧，往往拥有很大规模的畜群，有些私人牧主专门从事商业畜牧经营；三是个体农户养殖，规模不大，但几乎每个农家都会养些牲畜。

魏晋三国时的坞壁农业

魏晋、南北朝时期，战争频繁，人们为了避乱、防御外敌，修建了坚固的城堡，称为“坞壁”，又称“坞堡”，像一个缩小的城池。

在一些大的坞壁内，除了耕种，还有多种项目，比如养殖牛马、种植药材以及养蚕纺纱，争取最大限度的自给自足，一旦遇到战事，坞壁便能够凭借自身供给自保。坞民在坞壁内，有条件拒绝向国家交税，也不承担国家各种徭役，可以专心从事生产。西晋郭默的怀城坞壁每年能收米粟八十万斛（hú，古代容积单位，宋以前一斛为十斗，宋以后一斛为五斗）。

当坞壁内部人口增长，原有土地不足以支撑时，坞主就会带领坞民占据新的土地，扩大范围，开荒种地。

秦汉魏晋南北朝时期的农业科技得到很大发展，如《汉书·食货志》里记载的“代田法”：在地里开沟作垄，沟垄相间，沟里种作物，中耕除草时将垄上土逐次推到沟里培育作物，第二年，原来的沟填成垄，垄辟成沟，沟垄互换。这种方法有利于保持地力，抗御风、旱，比在平地上耕作一年一亩收成多一斛以上，好的时节能翻倍。

这一时期诞生了大量的农书和农业相关文献，如《南方草木状》《竹书》《蚕书》《蚕经》《花木记》等，此外还有很多相畜类和畜牧类著作。这个时期农书以《氾（fán）胜之书》《齐民要术》和《四民月令》等最为著名。

《氾胜之书》：发展农业生产就是忠国爱民

氾胜之是西汉末年山东人，历史上对他记载很少，只知他当过官，曾在长安地区指导过农业生产。他所编著的《氾胜之书》总结了我国古代黄河流域的农业生产经验，记述了耕作原则和作物栽培技术，对促进农业生产发展影响巨大。

氾胜之把粮食布帛看作国计民生命脉，把推广先进农业科学技术作为发展农业生产的重要途径。当时有一名卫尉因为之前提出养蚕方法，后来又提出农耕方法，被他盛赞“忠国爱民”。

《齐民要术》：最早的“农业百科全书”

北魏贾思勰（xié）所写的《齐民要术》堪称我国最早的“农业百科全书”。书中主要讨论的是北方旱地农业，对南方热带作物也做了详细介绍。其中记载了粮食、油料、纤维、染料、饲料作物，蔬菜、果树以及竹木的种植等，此外还有蚕桑业、畜牧业、养殖业及农副产品的加工，甚至包括食材做法等。书中记载的一整套农业技术，标志着我国北方旱地耕作的成熟，其中很多科学道理放到现在仍然行之有效。

《四民月令》：穿越到东汉看古人咋过日子

《四民月令》写的是东汉晚期一个拥有相当数量田产的世族地主崔寔的庄园里，一年十二个月的家庭事务安排。

“四民”指士农工商，“月令”最早见于《礼记》，是上古一种文章体裁，记述每个月应从事的各种活动，所以这是一本指导四民每个月生活和生产活动的指导手册。这些活动，不仅包括农业，还有林业、渔业、手工业和酿造业，更涉及教育、祭祀、守御和医药卫生等方面，是东汉时期普通百姓鲜活的生活场景记录。

其他著作中记载的农业活动

当时其他著作中也不乏对农牧业的记载，如西汉刘安的《淮南子》和东汉王充的《论衡》等。

王充在其《论衡·变动篇》中记载了如何通过观察小生物活动，推测自然环境即将发生的变化，如雨天蚂蚁会迁徙、蚯蚓会从土里钻出来，等等。

隋、唐、宋、元农业

隋唐至元朝，我国传统农业在更大范围内蓬勃发展。

这一阶段，南方经济迅速发展，最终超过北方，完成了我国经济中心的南移。

迅速发展的南方农业

早在汉魏时期，岭南和四川已出现水稻插秧技术。

东汉末年，北方的战乱频仍，人们为了生存，开始进入充满瘴疠（zhànglì）的南方，使南方得到进一步的开发。

南朝时，南方谷物种植得当，一年可收获好几次。

隋唐时期的统一使江南人口增多，农田水利也得到迅速发展。唐初江南稻米已可通过新开凿的大运河运到洛阳。

到了北宋，南方人口已经占到当时全国人口总数的近 70%。

传统农具“大爆发”

唐宋时期是我国传统农具发展的又一个辉煌时期。

这一时期，原本应用于武器的“灌钢”等制作方法被应用在农业领域，原来的小型铸铁农具被厚重的钢刃熟铁农具代替。

农具种类更多，分工更细致，形成了一套很细致的“一条龙”

农耕设备。人们还较为集中地改造和创新了一批农具，使其比之前性能更优良，其中比较有代表性的是“曲辕犁”。

唐朝改装发明的曲辕犁只需一头牛拉，犁地更灵活，能满足每个个体农户在自家面积较小的农田耕种的需求。

宋代时，在晋代就发明出来的耙传遍江南。

元朝时，用于水田除草的耘荡被发明出来，自此我国农业形成流水线式的“器械化”生产。

土地不够怎么办？

人们需要的粮食越来越多，土地不够了怎么办？围湖造田是南方水乡最重要的办法之一。宋朝时，南方有将近 1500 块湖田，每块都大得像一座城池。

另外一种是梯田，最初在云南一带。梯田是在坡地上一级级挖出平面，修好存水的小坝，再种植作物。梯田的记载最早见于唐代。

“全自动”灌溉工具

最早人们浇灌农田只能抱着水罐去打水，效率极其低下。春秋时期出现了利用杠杆原理从井里打水的桔槔。《说苑》里记载郑国大夫邓析经过卫国，看见五位农夫用水罐打水浇田，每天只能灌溉一块地。邓析便教农夫们使用桔槔，效率大大提高，每天可以灌溉一百块地。

真正能满足大规模农田灌溉需要的，是东汉末年发明的“翻车”。

翻车又名龙骨水车，最初是用来给土路洒水防尘的，三国时的马钧改装了翻车，应用于农田灌溉。唐代出现畜力翻车，宋元出现水力翻车。筒车就是我们现在看到的水车，在河边用竹木做成一个大型立轮，用横轴架起，沿轮安装数量不等的木桶或者竹筒，通过水流传动，实现“全自动”灌溉。

在隋唐时期当官，朝廷会依照不同的品级赐给官员数量不等的“职分田”（不可买卖），唐代勋贵与各级官吏还拥有可世袭、买卖的“永业田”。少地、无地农民只能以租佃（diàn，向地主租土地来种）为生，称为“佃农”，佃农比自耕农（自己有地自己耕）穷，是农民中的贫困阶层。

人们用什么做衣服？

棉花种植在唐宋时的福建地区比较普遍。

元代松江乌泥泾（今上海徐汇区）有个叫“黄道婆”的人，从海南带回黎族棉纺织技术并加以改进，使长江三角洲地区成为当时的棉纺织业中心。元末，棉布取代丝麻，成为最主要的衣被原料。

农田里的其他作物

油料作物：

传统的粮食作物大豆也被用来榨油，同时，芝麻、油菜更是重要的油料作物。芝麻本来叫“胡麻”，后来为避讳改叫“芝麻”，同时它也被称为“脂麻”“油麻”，可见芝麻油料作物的属性。油菜之名最早见于宋代，虽然开始种植得晚，但比传统油料作物芝麻更易种植，产量又高又耐寒，很快在南方发展起来，是唯一的冬季油料作物。

糖料作物：

早先人们用粮食制作麦芽糖，粮食不足的时候，糖产品也就不足，而且用麦芽糖不容易给其他食材调味；糖的另一个来源是蜂蜜，除了这两样，人们几乎没有别的获取甜味剂的来源。唐代以前，岭南先民便开始种甘蔗，汉代出现甘蔗制糖技术，但产量和质量都不高。到了唐代，唐太宗专门派人去摩揭陀国（古代中印度王国，古印度四大国之一）学习制糖，回国后加以改进，我国蔗糖质量才获得极大提高。制糖业迅

速发展，促进了甘蔗的广泛种植，当时南方有规模很大的产糖区，并出现了专门制糖的“糖霜户”。

饮料作物：

唐宋时期，茶叶已在民间广泛种植。边疆地带出现以良种马换取中原茶叶的“茶马贸易”。

卖油翁的故事

欧阳修写了篇有趣的故事叫《卖油翁》，陈康肃公的射箭技术高超，却被一个卖油翁评价说“没啥特别的，只是手熟而已”，说完老翁用铜钱盖住一个葫芦口，用勺往里倒油，油自钱孔落入葫芦，而铜钱却一点儿都没湿，他对自己的评价也是“没啥特别的，只是手熟而已”。

这个故事出现在宋代，在此之前，古代人们食用的动物油脂可能都是一块一块的，只有液体状的芝麻油、菜籽油，才会让卖油翁每日用勺倾倒。

其他农副业

古时人们一直以养殖鲤鱼为主，后来到了唐朝，因为皇帝一家姓李，鲤鱼成了需要避讳的物种，禁止饲养、买卖和食用，青、草、鲢、鳙四大家鱼的养殖反而得到促进。

唐代出现了最早的观赏鱼养殖记载，人们将野生鲫鱼培育成美丽的金鱼，以便观赏。

除了鱼类，还有贝类的繁育。宋代人们就挑选大蛤蜊，用养珠法培育大珍珠。人们还会在水中规划范围培育牡蛎，这样不但可以食用、贩卖，还可以加固堤坝。

治理蝗灾

蝗虫是农业大敌，蝗灾一来，铺天盖地，庄稼颗粒无收。唐代以前的人受迷信影响，遇蝗祭拜，眼看蝗虫啃食庄稼而不敢捕捉。唐开元四年，山东发生蝗灾，丞相姚崇派出捕蝗使督促各地灭蝗，

很多官员反对，皇帝也犹豫不定，最后在姚崇的坚持下，蝗灾被有效治理，并未造成大面积饥荒。

宋代治蝗做得更好，那时出台了专门的治蝗法规。宋仁宗让老百姓掘蝗虫卵，一升蝗虫卵能换五斗菽米或二十钱，这是治蝗措施上的重要进步。

大运河与南粮北调

水稻之所以成为主食，主要是因为隋代大运河的开通。我国北方水稻种植规模远小于南方。大运河开通后，满载粮食的船队源源不断地将南方的稻米运到北方，所以宋代有了“苏常熟，天下足”的谚语。

印刷术的发展与农书出版

印刷术是文明之母，为世界文化发展作出了重要贡献。隋朝诞生了雕版印刷，宋仁宗时代出现了活字印刷，印刷术实现两次重大飞跃。这为农书的出版提供了极为便利的条件。

从春秋战国到唐代以前近1400年里的农书总计有30多种，而隋唐宋元近800年的时间里，共有农书170余种。特别是宋元时期，农书种数空前增加，仅《宋史·艺文志》中就记载了农书107部，423卷（篇）。其中除了《夏小正戴氏传》《月令章句》《齐民要术》等四五部隋以前的农书外，

大多数都是在唐宋以后出现的，重要农书包括唐末五代的《四时纂要》、南宋《陈旉（fū）农书》等。

元代统治时间虽短，却诞生了大量农书，仅大型的农书就有《农桑辑要》《王祯农书》和《农桑衣食撮（cuō）要》三部，在中国农学史上极为罕见。

这一时期专业性农书得到极大发展。茶叶类农书有《茶经》《北苑茶录》等14种，出现了陆羽、皎然、朱放等论茶名家。花卉类书籍包括欧阳修的《洛阳牡丹记》《芍药谱》《菊谱》等。此外还有果树类、蔬菜类、农具类、畜牧兽医类、气象类、桑蚕类和救荒类等多个领域细分的专业农书。

新农业物种引进

有很多我们现在耳熟能详的蔬菜水果，都是在这一时期传入中国的。比如菠菜，在唐太宗时从尼泊尔作为贡品传入，西瓜在五代时期传入，马奶葡萄在唐初传入。

明、清农业

明代人口总数稳定，明初有近六千万人，明末也不过五千多万人，但到了清中期，人口呈爆炸性增长，清乾隆五十一年至五十六年（1786—1791），人口达到二亿九千六百多万人，清道光二十年至三十年（1840—1850），人口已达到四亿两千多万人。人口的爆炸性增长导致耕地紧缺，人们除尽量开拓新耕地外，还想尽办法充分利用土地，提高粮食产量。这个时期中国土地综合利用水平达到了古代农业最高峰。

为什么粮食不够吃？

古代农民交税通常是直接交粮。每家每户的人口多了，税收当然也就多了。可是，清中期人口太多了，人均耕地缩减到一亩七分，粮食本来就不够吃，还要交很多税，粮食供给几乎到了崩溃的边缘，动不动就会闹粮荒。

粮食短缺怎么办？

古人想出三个办法多打粮：一是扩张耕地面积，二是引进和推广新农作物，三是依靠精耕细作，进一步提高土地利用率和产量。

上边疆种田去

土地不够，人们开始利用湖畔滩涂，最著名的是洞庭湖区，因水生动植物尸体提供了足够养分，洞庭湖区成为新的主要粮产地和粮仓，以至于有“湖广熟，天下足”的民谚。

有些农民前往深山开垦荒地，只能住在简陋的茅棚中，叫作“棚民”。

明清时大批农民越过长城，进入内蒙古和东北地区，在当地牧区和半牧区开垦农田，这就是著名的“走西口”和“闯关东”。

此外，这一时期新疆、西南地区、海南岛和台湾也有大规模开垦活动。

餐桌上的外来客

明代，原产于美洲的玉米、甘薯（红薯）和马铃薯传入我国，因为单位产量高，很快成为中国人餐桌上常见的食物，直至现在。

玉米刚传入时很稀罕，被当作贡品献给皇帝，所以称为“御麦”，后讹传为玉米。玉米对土壤要求低，容易种植，清代时取代小米成为重要的粮食作物。

明万历年间，菲律宾和越南华侨突破重重阻挠将甘薯种子带到中国，正赶上福建台风，作物绝收，甘薯被当作应急粮广泛种植，救了很多人命。从清中叶开始，甘薯传播到北方。

马铃薯又叫洋芋、土豆，大约在明末清初传入中国，传入路线有两条，一条通过南部沿海，一条通过俄罗斯。马铃薯“疗饥救荒，贫民之储”，和甘薯一样成为灾民重要的救济粮、流民的应急食物，让许多贫苦百姓不至于饿死。

土豆成为赈济粮

被迫提高的农业技术

耕地如果反复不断地被使用，肥力就会下降，需要人工施肥来提高土壤肥力。明清时期，人们使用的肥料从自然肥、农家肥转为“饼肥”。饼肥体积小，重量轻，肥力更高，运输方便，在北方得到广泛使用，甚至普及到江南地区。同时，人们意识到养猪积肥的好处，一边养猪，一边积肥，多肥多得的集约化农业得到发展。

为了提高产量，人们不断开动脑筋。明清农业专家们发明了特重大犁（适合于大规模农田耕种）和提高土地利用率的套耕法。同时更加重视防治虫害，对农田的栽培管理也更精细。

明清时适宜个体农户使用的小型农具也得到了发展，出现了手摇小型抽水机“拔车”和适应丘陵地区修整耕地用的塍（chéng）铲等。明代一些多风地区还曾短暂出现风力水车。

矛盾的是，因为许多地区人均耕地减少，一些大型高效的农具在这些地方反而变得不实用，甚至出现退回人力耕地的情况。土地条件的限制也阻碍了农业技术的发展。

农书创作的繁荣

明清是我国农书成果最丰富的时期，流传至今的明清农书占到历史上农书总数的一半还多。这些农书内容丰富、形式多样，很多都是高水平佳作。

素有我国古代农业百科全书之称的《农政全书》，是明代科学家徐光启撰（zhuàn）写的长篇巨著，所载内容比之前的农书拓宽了很多，补充了屯垦、水利及赈灾等多方面内容，还总结了棉花和甘薯种植方面的先进经验。

明代另一位科学家宋应星的《天工开物》，是一部系统讲述古代农业和手工业生产技术的科技著作，其中除《乃粒》《乃服》等篇专讲耕作、蚕桑外，其余部分也多与农业生产和加工技艺有关。比如他详细记述的“腰机”，代表了同时期织布技术的最高水平。

这一时期影响力比较大的农书还有《授时通考》《便民图纂》《水云录》《沈氏农书》《补农书》《梭山农谱》《农桑经》等多部著作。

对水利的开发、整治和修缮

明清两朝的都城都在北京，大量漕粮需要从江南出发，由京杭运河运到北方。所以政府对治理黄河及漕粮运道的管理工作十分重视。黄河经常决口成灾，祸及两岸人民，影响农业生产。先后有人提出将治水与治田相结合，把黄河秋涝时发的洪水分散于沟渠，这是将改造荒地与消除洪灾结合起来的办法，但是工程量太大了，很难实施。呼声更高的建议是发展京畿（jī，国都附近的地区）水利工程和农田种植，从需求角度扭转南粮北运的方略。虽然这些建议并没有得到实现，但可谓是关系国计民生的重要探讨。

都江堰（yàn）是我国最著名的水利工程之一，经过千百年的无数次建设和完善，才成了今天的样子，凝聚着古代劳动人民的勤劳与智慧。它主要由鱼嘴分水堤、飞沙堰和宝瓶口等多个水利工程共同组成。

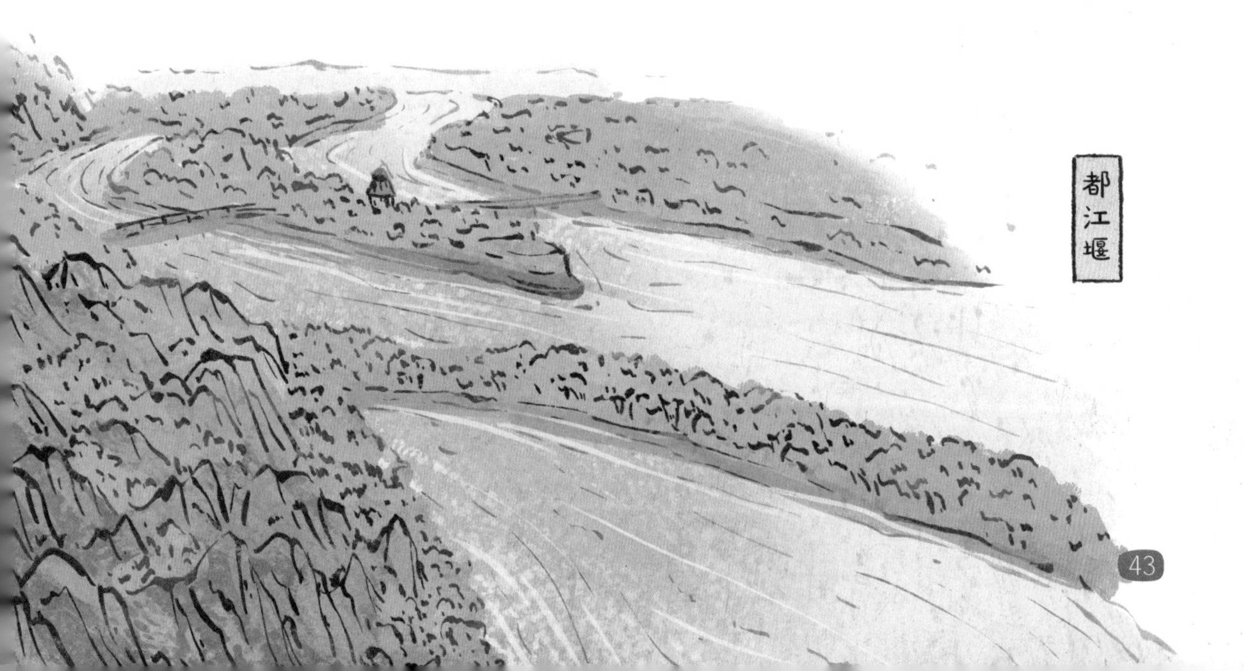
都江堰

千秋水利

我国古代水利工程的建设按规模和技术特点大致可分三个阶段：其一是大禹治水至秦汉时期，这是防洪治河、灌排工程建立和兴盛的时期；其二是三国至唐宋时期，这是传统水利工程建设高度发展时期；其三是元明清时期，这是水利工程建设普及时期。

除了都江堰，我国古代还有许多重要的水利工程。

漳水十二渠

如今的河南河北交界处，有十二条灌溉农田用的水渠，都以漳水为源，统称“漳水十二渠”。这是我国最早的大型水渠系统，是由战国初期担任邺（yè）令的西门豹带人修建的。

除了都江堰和漳水十二渠，我国古代还诞生了很多大型水利工程精品，比如陕西的郑国渠、白渠、六辅渠和龙首渠。

水利学的诞生

“水利”一词最早见于战国末期的《吕氏春秋》，原文“取水利”指捕鱼之利。

西汉司马迁《史记·河渠书》中首先赋予了“水利”一词专业含义，此后，人们把从事这一工作的专门人才称作“水工”，主管官员称作“水官”。水利学作为与国计民生密切相关的科学技术学科由此诞生。

那些用于防洪和航运的水利工程

除农业灌溉外，兴修水利还有防洪、航运等作用。

防洪方面，很多著名案例都是治理黄河水患的，比如上古时期的大禹治水、西汉汉武帝主持的瓠（hù）子堵口和东汉初年的王景治河等，在人们一次又一次的防洪治水实践中，黄河泛滥的次数显著减少。

航运方面，有春秋末年吴王夫差为与中原争霸开通的邗（hán）沟（淮扬运河），沟通了长江和淮河；魏国魏惠王修建的鸿沟，沟通了黄河和淮河；秦始皇二十八年（前 219 年）修建的灵渠，沟通了湘江的源头海洋河与漓江的源头大溶江，是我国最早的沟通南北水道的运河。

农业与二十四节气

“春雨惊春清谷天，夏满芒夏暑相连。秋处露秋寒霜降，冬雪雪冬小大寒。每月两节不变更，最多相差一两天。”

为了方便记忆我国历法中的二十四节气，古人把它编成歌谣，流传至今有多种版本。

二十四节气是古人认识“时”、掌握“时”、利用“时”的智慧结晶，就像如今的气象预报，遵循它能有效地指导农业生产。

形成时间和地点

二十四节气是我国古人在漫长的生产实践中，基于对天文、气候和农业生产的丰富经验，慢慢总结、提炼而成的。

先秦时期，古人已经总结出四个主要节气：夏至、冬至、春分、秋分。成书于西汉的《淮南子》中首次记载了完整的二十四节气。

二十四节气形成的地点是黄河中下游地区，那里长时间都是我国政治、经济和文化的中心。节气的确定，对这一地区的农业生产起到了重要的促进作用。

二十四节气怎样指导农业生产?

二十四节气包含温度、降水、湿度等内容，其中大多数都是对农事活动的直接提示。

立春、立夏、立秋、立冬的“立”字，是开始的意思，务农最讲究不误农时，“四立”提示人们季节更替，不同季节的农事活动要做好前期准备。

惊蛰指的是天气回暖，大地解冻，可以开始春耕了。

谷雨到来提示降雨明显增加，而雨水能够促进农作物生长发育，所以有“雨生百谷”之说。

小满指的是草木茂盛，夏熟谷物籽粒开始变得饱满，但还不成熟，所以叫小满。

芒是指有芒的作物，种指种子，芒种节气正好是大麦、小麦等有芒作物成熟的季节，需及时夏收夏种，是一年中农事最忙的时节，也叫“忙种”。

二十四节气不能生搬硬套

我们国家国土面积广大，不同的地域，气候条件也不相同，对二十四节气的利用要结合当地经验，而不是生搬硬套。以冬小麦为例，北京是秋分播种，芒种收获；郑州是寒露播种，芒种收获；南昌变成立冬播种，小满收获；广州则是大雪播种，立夏收获。对二十四节气的灵活应用也同样显示出了古人的智慧。

气象经验

古人把自然界气候变化的时序性称为“时”，从原始人开始播种、有了原始农业那时起，人们就投入了对“天时”的观察和研究。

把坏天气当作对人类的惩罚

《尚书》中记载，夏商时期把气象分为五种，认为雨（降雨量）、旸（yáng，日照）、燠（yù，热）、寒（冷）、风（大气流动）按照一定时序消长，认为天气好坏是上天对人类善恶的奖惩。

春秋时期，人们把气象因素概括成六气——阴、阳、风、雨、晦、明，并按气候变化的时序性开始制定历法和节气。

对云的观察则是从上古时期就开始了，《诗经》里很多诗句把云和降雨联系起来，战国时已积累了相当多的知识。据《吕氏春秋》记载，旗帜状的云会带来雷阵雨，像一群马打架的云会带来强对流天气，上黄下白的彗星状云是天气变坏的征兆。

建立全国雨情情报网

秦汉至魏晋、南北朝时期，农业气象学进步较大，东汉末年出现了这方面的大思想家——王充。

历代政府都很重视收集雨情，从秦代《田律》到汉代相关法令，都规定从春耕开始的整个农作物生长期内，各地都要向中央政府报告降雨情况。

汉代对云的观察也在继续发展,《史记》里记载了七种不同的云，此外，还记载了世界上最早的测湿仪。

王充否定了天气好坏是上天对人类善恶奖惩的观点，提出“天道自然”，对云、雨、雷、电等现象的成因提出了较为科学的解释。

农业气象预报的出现

隋、唐、宋、元时期，气象预报已经包含了风向风力、湿度和测雨雪等方面。

唐代李淳风《乙巳占》里的占风图，举例说明了怎样判断风向。同时唐代还有了测风向的仪器——相风乌和羽占（用羽毛制作的风向仪）。

宋代把测湿仪应用于天气预报，到了元末，人们观云测雨的经验愈加丰富。元末明初《田家五行》还记载了古人通过观察琴弦预报天气的方法：干洁的弦线突然变松，是因为琴床潮湿，预示天将阴雨。

积雨云（Cb）

云的分类

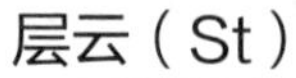

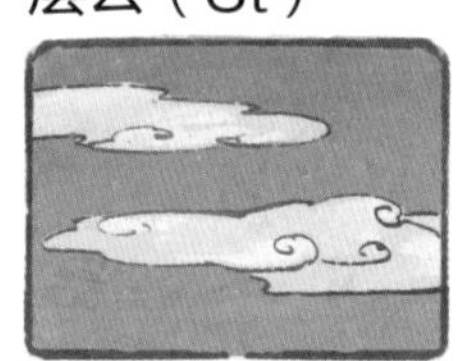

积云（Cu）

层积云（Sc）

高积云（Ac）

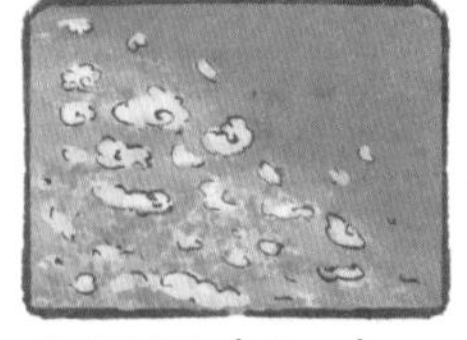

卷积云（Cc）

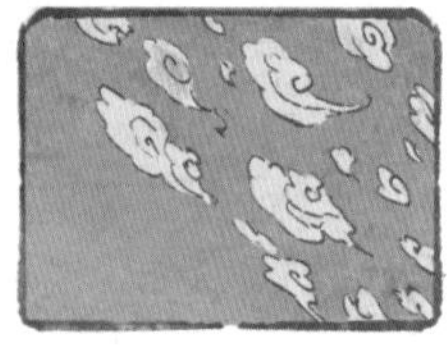

高层云（As）

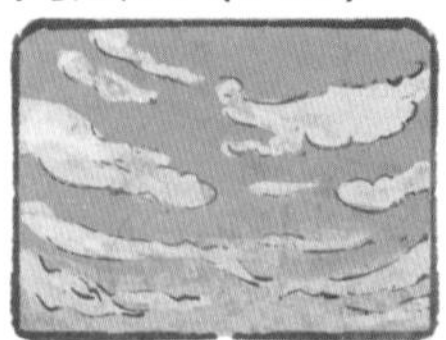

卷层云（Cs）

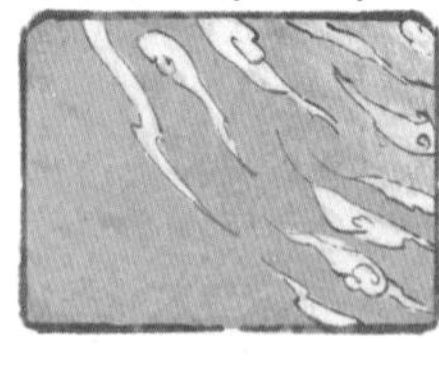

雨层云（Ns）

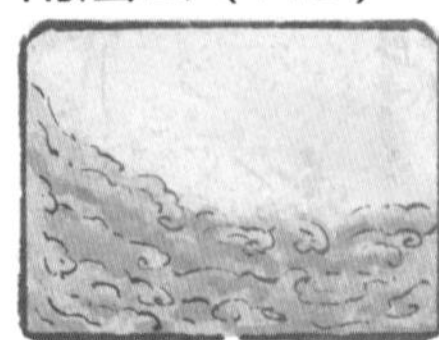

卷云（Ci）

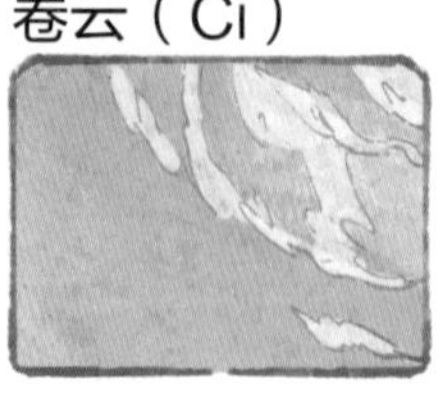

西方气象思想传入

明初设立钦天监，开始有计划地进行气象观测，规范化、体系化的气象观测活动逐渐形成。

明清时期，官方气象的档案数量、内容质量达到中国古代气象档案史上的高峰。西方传教士带来新的气象理论和思想，并对一些气象现象作出科学解释，推动了中国气象的思想革新。

天气谚语

民间流行许多天气谚语，这些谚语是人们经过长期的观察和实践总结出来的，朗朗上口，精短又好记。比如：

日晕三更雨，月晕午时风。

燕子低飞天将雨。

早雾晴，晚雾阴。

朝霞不出门，晚霞行千里。

空中鱼鳞天，不雨也风颠。

日落西风住，不住刮倒树。

古时候的气候

我国古代中原地区是有大象的。《吕氏春秋》中记载，商朝人驯化大象用于征服东夷，周灭商后，一路将商朝战象部队驱赶到南方；《孟子·滕文公下》中记载，周公当年驱赶的商朝“猛兽军团”里有大象；《韩非子》《战国策》中提到“死象之骨”和“白骨疑象”。位于中国中部的河南省（约北纬31度到36度之间）的简称是“豫”，《说文解字》解释豫字，是象之大者。

可现在中原地区为什么没有大象了呢？

重要原因之一就是气候变化，古代黄河流域温暖湿润，遍地森林，水草丰美，后来，气温降低、降水减少，大象无法继续在这里生活，只能南迁。

历史上每隔三四百年，气候就会有一次明显的冷暖交替变化，反映在农业上，就是畜牧和农耕交错地带的相互消长。

黄河流域曾是鱼米之乡

秦汉时期，黄河流域（约北纬 32 度到 42 度之间）不像今天这样沙尘漫天、黄土裸露、水源短缺，那里当时是我国农耕中心区，孕育了灿烂的古代文明。

汉武帝改造上林苑，把南方植物大量移植到长安（今陕西西安一带，约北纬 34 度，关中平原中部），这在现在是不可想象的，也证明了当时中原气候非常温和。

孔子说“食夫稻，衣夫锦”，《汉书》中说“强弩之末，势不能穿鲁缟（gǎo）”。锦、缟都是丝织品，可见当时山东一带桑蚕业发展繁盛。当时南方发展桑蚕得请北方蚕农指导。

水稻种植

农业中心逐渐南移

三国、魏晋和南北朝的三百多年间，北方草原面积日渐萎缩，南下的少数民族政权不得不放弃游牧，接受汉族的农耕文化。北魏农书《齐民要术》记载了北魏改农为牧不成，只得转而发展农业，从而大获成功的事情。

同时，气候难以逆转地干燥起来，以畜牧业为生的民族多次南下后，慢慢地和汉族同化了，中国的农业中心，逐渐转到长江流域及以南。

人们逐渐适应气候的变化，动植物引种布局也逐渐改变和适应。喜温动植物逐渐南移，蚕桑生产从黄河流域过渡到长江流域。太湖流域经过宋朝三百年低温，水稻品种逐渐改为耐寒的粳（jīng）稻，籼（xiān）稻退至北纬 29 度以南地区。柑橘、茶树等温度敏感作物，也向江浙以南推延。

古代粮食作物有哪些

中国古代从商、周直到明代前期，粮食作物品种大体稳定，统称“五谷”（《礼记·月令》《汉书·食货志》）或者“九谷”（《周礼·天官·大宰》）。“五谷”是麻（或稻）、黍（shǔ）、稷、麦、菽（shū）；“九谷”依东汉经学家郑众的说法是黍、稷、秫（shú，高粱）、稻、麻、大小豆、大小麦，都是当时比较常见的粮食作物。

明朝后期，美洲的玉米、马铃薯等作物开始传入，我国逐渐形成了和现在基本相似的粮食结构。

麻

麻是我国古老的农作物之一，麻籽状如芝麻，可以吃，但似乎不太好吃，后来主要用于榨油。随着历史发展，麻逐渐从粮食领域退出。麻的茎皮经过沤（òu）制后，其纤维可以制成麻绳、麻布和麻纸等。

黍和稷

黍就是今天的黄米。

稷在古书上指过三种谷物：《尔雅·释草》里说是小米；《本草纲目》中说是一种不黏的黍；清朝人王念孙说是高粱。我们暂且取小米这种解释。古人认为稷是百谷之长，古代社会以农业为先，而“社稷”一词与农业直接相关，是“国家”一词的另一种说法，由此可见农业对国家的重要性。

黍和稷都是中国北方最早出现的农作物，《诗经》中常将二者连称，甲骨文中提“黍”字最多，商代占卜多有“求黍”和“求黍年”等字。这两种作物是商代主要作物。

因为单位产量低，随着人口增加和耕地条件改变，到战国时，黍、稷地位开始下降，之后的几千年，种植量更是大为减少，现今早已不是主要的粮食作物了。

黍

稷

麦

小麦原产于西亚，甘肃曾发现距今约五千年的炭化小麦颗粒。黄河下游曾出土距今约四千年的小麦标本。商代起已有食麦的习俗，《礼记·月令》中记载："天子居青阳左个，乘鸾路，驾仓龙，载青旂（qí），衣青衣，服仓玉，食麦与羊，其器疏以达。"

战国时，小麦种植区域迅速扩大，种植技术也有所提高。汉代（1世纪前后）小麦的亩产量足足是13世纪英国小麦亩产量的三倍。魏晋南北朝时全国已经大量种植小麦。

明初由于小麦种植已经普及，所以农业税收超过宋元两倍多。明朝中后期，北方形成"二年三熟"轮作制，加之南方的"稻麦复种一年两熟制"，产量又大幅提高。

菽

菽是大豆，是我国的特产，原产自东北地区，黑龙江就曾发现过四千年前的大豆标本。

《管子》中说，齐桓公北伐山戎，得此作物，然后传播到了全天下。

湖南出土的汉代竹简《美食方》中记载了“菽酱汁”，就是酱油，由大豆做成。

1873年，中国大豆在维也纳万国博览会展出，轰动一时，之后开始在欧美各国大量种植。

稻

先秦时，《周礼·天官·膳夫》中提到粮食的第一种是稌（tú），就是稻。西周铜盦（ān）铭文中说：“用盛稻粱。”《论语·阳货》记载孔子的话说：“食夫稻，衣夫锦。”可见当时稻已经是很常见的粮食了。

随着水稻栽培技术的不断改进，它逐渐成为我国最重要的粮食作物之一。

汉代江南已广泛种植水稻。晋代出现九月收的早稻，宋代《岭外代答》说钦州有“正二月种”“四五月收”的早稻，为双季稻种植创造了条件。明初《农田余话》有双季稻种在麦田里实现一年三熟（麦、早稻、晚稻）的记载。

古代经济作物有哪些

中国很早就开始对各种经济作物进行培植。经济作物主要是指那些有着地域特点，可以通过商品交易给种植它们的人带来可观经济收益的作物。比如热带的水果、对生长环境十分挑剔的药材、茶叶和调味品等，按种类来分的话，大概可以分为糖料作物、药用作物、油料作物，以及制衣、造纸用的纤维作物，和以茶叶为代表的饮料作物等。稻米等粮食作物让人吃饱肚子，经济作物丰富了人们的食物，繁荣了生活，带来了财富，提高了文明程度，促进了社会的发展。

笋

英国著名科学史家贝尔纳说，中国是拥有竹子文明的国家。

中国人在六七千年前就开始用竹子盖房子，五千年前用竹子制作篓、箩等器物，三千年前开始人工栽培竹子。

《诗经》时代，人们开始吃竹笋；晋代《竹谱》介绍过七十种竹子及不同竹笋的风味；宋代《笋谱》记载了八十多种竹笋。苏东坡曾说自己从吃到用，一天也离不开竹子。

橘

橘是南方果品，在战国、秦、汉时被人所知，不过当时北方人不容易吃到橘。屈原曾在诗里赞颂橘是天地间的佳树，生来就适应当地水土。《韩非子》里说橘吃起来甜，闻起来香。

东汉末年曹植在《橘赋》中说橘树从南方万里远的地方移植到铜雀台（位于今河北省邯郸市临漳县，地处华北）所在的庭院，可见当时河北南部已开始种橘了。

荔枝

荔枝是南方水果，《三辅黄图》里记载汉武帝破南越后，长安上林苑中迎来了荔枝树。杨贵妃嗜食荔枝，唐玄宗曾命专人将刚摘下的荔枝从南方运到长安。宋代《清异录》中誉荔枝为“压枝天子”。

荔枝原产于中国，种植历史已有几千年。17 世纪末传入缅甸，后又传入印度。现在在部分美洲、非洲和整个亚洲都得到广泛种植。

现在福州西禅寺有一棵树龄一千三百年的唐荔，莆田的“宋香”古荔树龄也在千年以上。

棉花

棉花原产于印度和阿拉伯地区，我国从宋、元时期才开始引种，到明代才得以普及。在这之前，中国人普遍穿麻布衣服，少数人穿丝织品制成的衣服，冬天穿皮毛衣服，填充被褥用的一般是木棉。木棉是红色的，也叫“红棉”，虽然有蓬松的絮，但不太保暖。古代甚至还出现过纸衣，是用结实的麻纸制成的衣服，可避风寒，但听起来不太舒适。最早没有“棉”这个字，只有“绵”。《宋书》里首次出现“棉”字。

桑树和蚕

中国人种桑养蚕的历史非常久远，早在殷商时期的甲骨文中就有了蚕、桑等字。从人们发现吃桑叶的蚕吐的丝可以做成衣服和被子时起，蚕桑与人们的生活便密不可分了。当然，在古代也不是所有人都能用上蚕丝制品，因为蚕丝制品非常轻柔，价格昂贵，是统治阶级和富有阶层的专属用品。

茶树

茶叶是茶树的嫩叶，茶水是世界三大天然饮料之一。我国是世界上最早发现并栽培茶的国家。

茶叶早先是用来入馔的，人们把茶叶和其他食材放到一起，煮成粥、汤一类的食物来吃。直到两晋南北朝时，少部分人才开始将茶当作饮料。到了唐代，“茶道”盛行，产茶区遍及 15 个省，制茶、采茶的工匠出现，陆羽的《茶经》也在这一时期问世。

楮树

楮(chǔ)树在古籍中也叫“榖(gǔ)树”，最早见于《诗经》，北魏贾思勰的《齐民要术》里有关于楮树栽培的记载。

南北朝出现楮树皮造纸，楮纸从唐代开始受欢迎，到宋代成为纸币指定用纸。

《本草纲目》中记载，楮树的叶、枝、茎、果、黏液都可入药。

驯养禽畜，那些人类的好伙伴

禽、兽两个字据《尔雅·释鸟》解释，两只脚长羽的是禽，四只脚长毛的是兽。《孔子家语》中说卵生是禽，胎生是兽。家禽指鸡、鸭、鹅等，家畜指犬、猪、羊等。中国是最早饲养家禽家畜的国家之一。

六畜

马、牛、羊、鸡、犬、猪。

五牲

牛、羊、猪、犬、鸡。

六畜兴旺

成语，出自《管子》，意思是家养的牲畜、禽类都繁衍兴旺，指家庭富裕、兴盛。

鸡

家鸡由野生原鸡驯化而来，大约在公元前1400年，人们将野生原鸡圈养起来，这样可以方便取蛋、取毛和食用。鸡也因为比较好驯养和繁殖，所以很早就被列为“六畜”之一。

除食用肉蛋，古代的鸡还有别的作用。《周礼》记载了一个有趣的官职，叫“鸡人”，职责之一就是每天报时。

春秋战国时养鸡很普遍。吴王夫差曾在越国设置大型养鸡场。《左传》里面记载，鲁国季平子和郈（hòu）昭伯斗鸡，季平子在鸡翅上涂芥末作弊，郈昭伯在鸡爪上装铜钩报复，两人都不讲武德，最后闹得影响了朝局走向。

传说汉代有位养鸡能手名叫祝鸡翁，因善养鸡而发财，因为那时养鸡业兴盛，从相关的文学作品就能看出来，比如大才子曹植就有一篇《斗鸡诗》。

鸡的品种有很多，比如大诗人杜甫养过乌骨鸡，这种鸡骨肉都是黑的，但羽毛洁白如雪；还有一种出产在沿海昌国（舟山群岛）的长鸣鸡，专供报时之用，传到日本也叫“昌国鸡”；还有康熙末年传入日本的江南矮鸡，现已发展成有名的观赏品种。

鸭

两千多年前古人就开始驯化野鸭。

“落霞与孤鹜（wù）齐飞”中的“鹜”就是鸭。《尔雅·释鸟》郭璞注：“野曰凫（fú），家曰鹜。”据《吴地记》记载，春秋时期吴王筑了个鸭城，其实就是规模很大的养鸭场。唐代《云仙杂记》中记载，桂林有人养鸭万余只，每次光喂食就需五石米，掉落的鸭毛把水中的小块陆地都铺满了。

著名的北京鸭是明代开始流行的品种，当时在北京近郊上林苑中育养种鸭两千多只，仔鸭不计其数，专供宫廷所需。后传至民间，北京烤鸭随之诞生。再后来，北京鸭作为赫赫有名的中国鸭品种传遍全世界。

鹅

鹅由大雁驯化而来，成为家禽的时间比鸭晚。《尔雅·释鸟》郭璞注：“野曰雁，家曰鹅。”

鹅有灰白两种，晋代沈充《鹅赋序》中记载的大苍鹅又高又壮，叫声很大，长得比白鹅和今天的狮头鹅都大。

白鹅游水姿态优雅，常用于观赏。东晋葛洪《肘后备急方》中记载，养白鹅、白鸭可避毒虫。

唐代岭南一带有大型鹅，一般被用来做鹅绒被，皇室贵族还养斗鹅取乐。

明代上林苑养的鹅比鸭多三倍，每年各省还大量进贡鹅。

狗

有研究发现，世界上最早的狗是由距今一万五千年的东亚的灰狼驯化而来，而中国发现的最早的狗距今约一万年。

殷周时，古人除了吃狗肉、将狗用作猎犬，还曾将狗用于殉葬和祭祀，一次最多竟达二百只。

《汉书》中记载，刘邦入秦时，因为喜欢秦宫室里的“狗马重宝妇女”而想要住下来。这里的“狗马”，应该指的就是走狗、飞鹰、跑马等游猎之物，秦代宫室里剩下的猎犬一定品种优良，才会让刘邦那么喜爱。

国人喜欢养狗当宠物，还繁育出了著名的犬种“宫廷狮子狗”。这种宠物狗从秦到清，一直在宫廷中饲养，现在人们常说的“北京犬”“京巴犬”就是这种宠物犬。

猪

猪，古称“豕（shǐ）”“彘（zhì）”，由野猪驯化而来，我国养猪历史极其悠久，是世界上最早将野猪驯化为家猪的国家之一。甲骨文中有豕的象形字，特别像一头胖猪，《说文解字》中解释“豕居之圈曰家”，可见猪与人们的生活关系密切。

我国出土了一件商代的豕形青铜尊，是一头活灵活现的野猪模样，身上还有古老的兽面纹和鳞甲纹，背上有盖，盖上装饰有华冠立鸟。有考古学者认为这是一件青铜礼器，可能跟原始祭祀有关。

《诗经》中很多诗歌提到了猪，“执豕于牢，酌之用匏（páo）”，意思是从圈里捉猪宰杀，用葫芦杯盛满美酒；“言私其豵（zōng），献豜（jiān）于公”，意思是自己留下小猪，大猪献给公家。

我国繁育的猪品种优良，早在约两千年前，就被西方引入，用于改良他们的猪种，有的培育成了罗马猪。

羊

十二生肖里的羊究竟是山羊还是绵羊呢？

中国人养羊的历史可追溯到五千多年前，据考证，绵羊可能由盘羊驯化而来，主要分布在北方；山羊由野山羊驯化而来，主要分布在南方。

甲骨文中有羊字，但没有绵羊、山羊的区分，直到春秋前后，二者在文字上才有所区别。《尔雅》郭璞注说，羊指绵羊，夏羊才指山羊。

山东出土的汉代画像石上有一幅鱼羊图，左侧是鱼，右侧是绵羊头。鱼羊合在一起形成“鲜”字。可见在古人心中，羊肉的美味确实不同寻常。

十二生肖的起源和原始动物崇拜有关，羊在生肖中具备中国古代文化中的温柔、谦和，是君子形象。古人视羊为“德畜”，从性格上来说，绵羊虽然长着角，但温顺不好斗，似乎更接近这个形象，所以十二生肖中的羊应该是绵羊。

牛

在 7000 年前—5000 年前的仰韶文化遗址中，人们发现了少量饲养黄牛的遗迹。之后的龙山文化遗迹（5000 年前—4000 年前）中，则发现水牛也被驯化了。

牛在远古时代被用作“牺牲”——专门为祭祀而宰杀的牲畜，后来“牺牲”一词引申为为正义事业舍弃生命，或放弃了利益。商代的卜辞中记载，一次祭祀用一百头牛很常见，在个别大型祭祀仪式上，人们宰牛可达“五百牢”“千牛”，数量比羊和猪要多，说明那时畜牧业已经极具规模。

牛脾气温和，任劳任怨，力气又大，所以人们主要饲养牛来代步、载物、耕田和拉车，那时的牛就相当于现在的拖拉机、小货车，所以古人不会轻易杀牛来吃，当时还有法律保护耕牛，牛肉是连皇帝都难吃到的肉。那么牛奶呢？人类饮用牛奶的习惯是慢慢建立起来的，古时候主要是居住在草原地区的各族人民才会喝牛奶，中原地区相对较少。

自古以来，马、驴、骡、驼这些大型牲畜就是人类的好帮手，古人创造的农耕文明灿烂辉煌，其中也有它们的功劳。

马

早在三皇五帝时期，中国人就已经开始依靠牛、马驮重物去远方。

夏、商、周时期，不同等级的人会拥有不同档次的马匹。春秋时著名相马师伯乐曾推荐给楚王一匹又瘦又虚弱的马，待好好养育后，马变得精壮神骏，立下不少功劳，伯乐的《相马经》奠定了中国相畜学基础。

秦汉时养马主要是为了军事，汉武帝为得到宝马，派使臣远赴西域，甚至不惜发动战争。马作为战马和坐骑，被古代中国人所重视。

古代作为坐骑的马，等于今天的豪华轿车，一般平民只能步行、骑驴或者乘牛车，因为马饲料精细，养匹马在平民家庭是不太容易的事情。

各种马匹

驴与骡

驴和骡是我国古代重要的役用牲畜。

驴的体形偏小，吃苦耐劳又不易得病，是我国驯化较早的牲畜。约四五千年前的原始社会时，我国北方少数民族便开始饲养驴、骡，殷商时发展到黄河中下游。到东汉时，《后汉书》记载当时家贫之户也有驴了。三国时不少文人名士都很崇尚养驴，“建安七子”之一王粲（càn）就是养驴爱好者。

骡是马和驴杂交的后代，骡一般不能繁殖，几乎没有后代，但生命力和抗病力强，结实有耐力，役用价值比马和驴都高。

春秋战国时，《吕氏春秋》记载赵国的赵简子特别喜欢他的两头白色骡子。汉初《新语》里把驴、骡和琥珀、珠玉并列，都被视为珍贵物种。当时长江流域、东南沿海也开始饲养驴和骡。宋代名画《清明上河图》里就绘着汴京城里许多驴和骡繁忙运输的景象。

骆驼

骆驼背上有高高的驼峰，里面储存着大量脂肪，必要时能分解产生水和能量，在没有水和食物的沙漠里，能够连续好多天不吃不喝。它的力气很大，有很好的运载能力。在原始社会，生活在我国西北沙漠干旱地区的人，很早就把野生骆驼作为“奇畜”豢（huàn）养。

骆驼分单峰驼和双峰驼，单峰驼生活在热带沙漠，双峰驼生活在温带沙漠，我们国家以驯养双峰驼居多。

殷周时期，我国北方少数民族经常把骆驼当作礼品送往中原。春秋战国时期，燕国等北方国家也开始饲养骆驼了。

汉代以后，与西域各国进行贸易的丝绸之路上，到处是成群结队的骆驼商队。南北朝时期，北魏仅官养骆驼就达百万峰，达到我国养驼史的最高峰。

宋代，中原地区养驼业进入最发达时期。但在那以后，中原养驼业逐渐退出历史舞台。